U0052073

從頭開始裝可愛！
22頂大人小孩都心動的
加萌手織帽

從頭開始裝可愛！
22頂大人小孩都心動的
加萌手織帽

栗子帽・貓耳帽・尖帽子……

好簡單的 棒 針 & 鉤 針

可愛小童帽

Luna

Touma

Mona

contents

本書刊載的帽子標準尺寸如下，嬰兒頭圍（身高70～80cm）約為46～48cm，兒童頭圍（身高100～120cm）約為52～54cm。實際完成尺寸會因個人手織而有所差異。

横條紋栗子帽
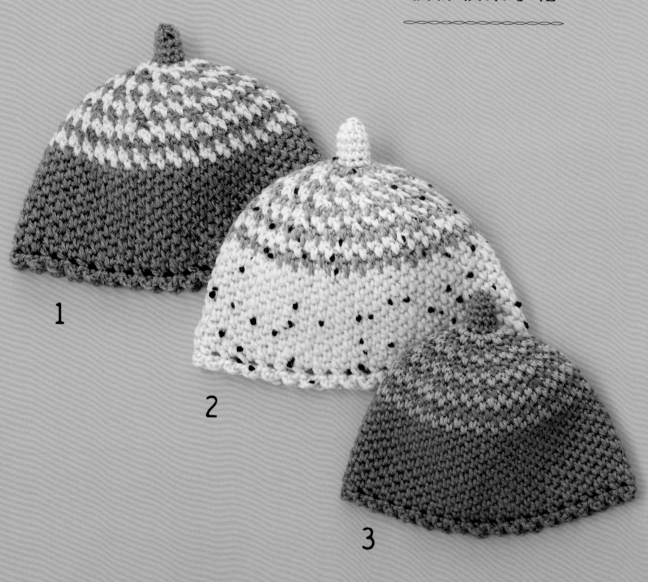

1

2

3

織法
P.32

線材 ➋ **1** …Hamanaka Aran Tweed
　　　　2 …DARUMA Pom Pom Wool
　　　　3 …Olympus Tree House Palace

設計 ➋ 水原多佳子

織入條紋花樣作為視覺重點的栗子帽，
以鉤針編織出宛如藤籃般的織片顯得格外時尚。
即便是一模一樣的織片，
也會因為選擇的織線而呈現出截然不同的氛圍。
1・2為幼童尺寸，**3**為嬰兒尺寸。

幾何花樣栗子帽

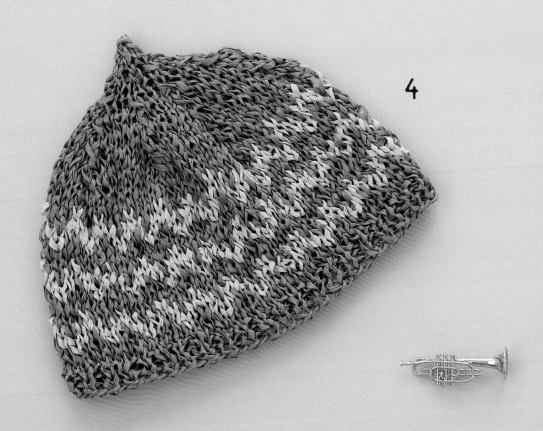

4

鋸齒狀的幾何線條強調了色彩對比，使淘氣度UPUP。
4 是以扁平棉麻線製作的春夏款式。
5 是以蓬鬆輕盈的Tam紗編織而成的秋冬款式。

織法
P.34

線材 ➡ 4 …DARUMA GIMA
　　　5 …DARUMA Soft Tam

設計 ➡ 岡まり子

5

毛球貝蕾帽

運用下針平面針與起伏針，編織成羅紋風的貝蕾帽。
將觸感柔順的Fake Fur線材裝飾於帽頂，
營造出奢華氛圍。

6

織法
P.36

線材 → DARUMA Merino Style 並太、
DARUMA Fake Fur
設計 → ほったのり子

貓耳帽

~~~~~~~~~~

7

8

想要變身喵星人的貓耳造型帽。
使用TWEED YARN線材編織，因此自然而然形成花樣般的織片。

織法
P.38

線材 ➡ Olympus Tree House Palace Tweed
設計 ➡ ナガイマサミ

拼布風栗子帽

9

組合了市松・麻花・桂花針三種花樣的織片，打造出拼布風格般的帽子。
凝神一看，發現大部分都是基本的下針與上針，易於編織亦令人感到開心。

織法
P.31

線材 ➔ Olympus Tree House Ground
設計 ➔ 鎌田惠美子

短針鉤織尖帽

宛如迅速拉長的可愛帽子，
以Mole Yarn鉤織短針而成，
因而形成扎實的圓錐狀。
戴上後宛如小精靈。

10

織法
P.40

線材 ➔ Hamanaka Luna Mole
設計 ➔ ATELIER *mati*

針織鏤空尖帽

適合春夏季節的草帽風尖帽，
鏤空花樣顯得涼爽又透氣。
質地輕盈，尖帽形狀也完美呈現。

織法
P.42

線材 ➡ Hamanaka Eco Andaria
設計 ➡ ATELIER *mati*

11

漸層螺紋帽

突顯線材漸層色調的螺旋花樣。
透過重複的掛針與2併針，
形成如同隨著扭擰力道而旋轉的織片，
看起來趣味性十足。

12

織法
P.44

線材 ➔ Olympus make make
設計 ➔ ほったのり子

爆米花針的立體螺紋栗子帽

螺旋狀排列的爆米花針宛如花冠一般。
平面針的帽口會自然地捲起。
特地挑選了膚觸柔順的有機棉織線。

織 法
P.45

線材 ➡ Hamanaka Paume Baby Color
設計 ➡ 水原多佳子

13

護耳毛帽

～～～～～

利用平面針與桂花針設計成8片拼接風。
於護耳處接縫緊密編織而成的三股編，
作為造型上的特色點綴。

14

織 法
P.46

線材 ➡ Hamanaka Amerry L《極太》
設計 ➡ 鎌田恵美子

格紋毛帽

15

復古配色顯得十分可愛的方格圖案。
看似難度高，實際上卻是編織橫條紋之後，
再另外鉤織直條紋，作法意外的簡單喔！

織法
P.48

線材 ➲ Hamanaka Amerry
設計 ➲ 鎌田惠美子

套頭式流蘇風帽

套上後可包覆至頸部的溫暖套頭帽，幾乎只要筆直地編織即可。
大大的流蘇隨著活動左右搖晃，無論怎麼看都顯得十分可愛。

16

17

織法
P.50

線材 → DARUMA Combination Wool
設計 → 長者加寿子

多層次花邊栗子帽

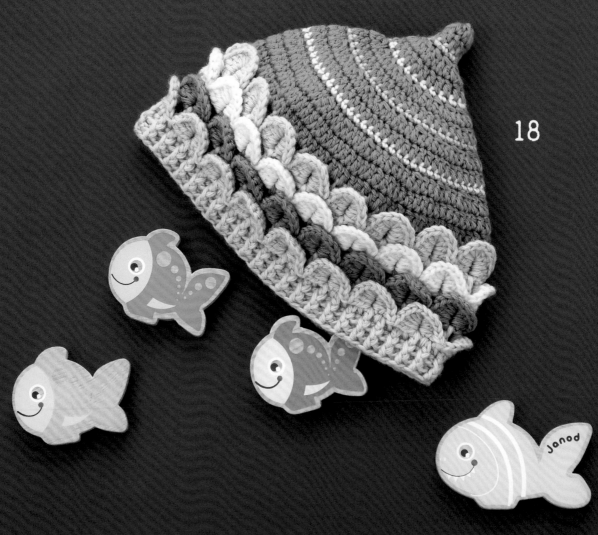

18

加入話題性十足的鱷魚鱗紋編的流行設計。
看似皇冠也像魚兒般的可愛栗子造型帽。

織法
P.52

線材 ➡ Olympus Tree House Palace
設計 ➡ 水原多佳子

釣魚遊戲組／Janod

25

小熊草帽

交互編織原色與棕色形成條紋的可愛草帽。
在編織帽冠的同時織出熊熊的耳朵,
所以整體輪廓相當美麗。

19

織法

P.54

線材 ➡ Hamanaka Eco Andaria
設計 ➡ 橋本真由子

栗子草帽

自然麥稈色的栗子造型帽，
無論任何衣服都能輕鬆搭配。
從堅實的帽尖處開始編織，
再將短針鉤織的帽緣反摺。

織法
P.56

線材 ➡ Hamanaka Eco Andaria
設計 ➡ 橋本真由子

20

北歐小精靈帽

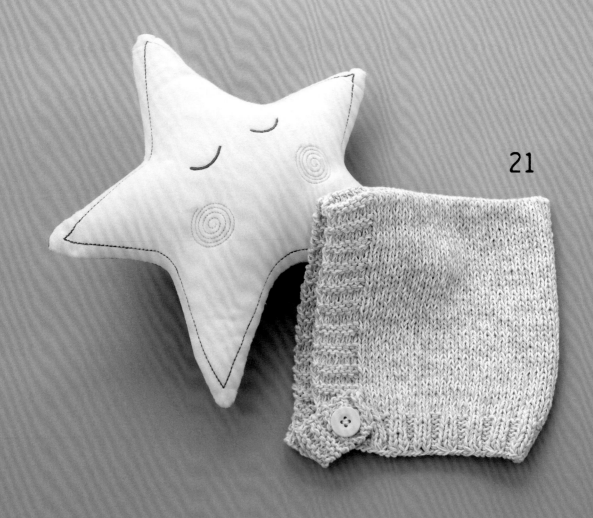

21

直線編織又簡單的北歐小精靈帽。
戴上的模樣宛如小精靈般，讓小寶寶的可愛度破表。
使用雙線一起編織，表現出雲霧紋般的層次感。

星星抱枕／SAUTHON（DADWAY）

織 法
P.58

線材 ➲ 21 … Hamanaka Paume《無垢綿》Crochet、
Hamanaka Paume Crochet《草木染》
22 … Hamanaka nenne

設計 ➲ 岡まり子

22

Rouge Bear ／ Kaloo（DADWAY）

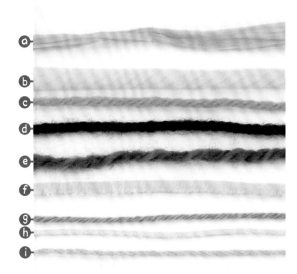

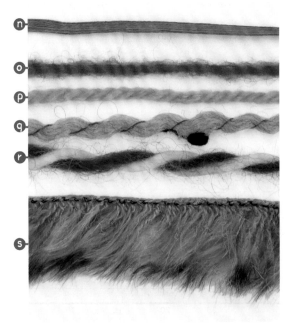

本
書
使
用
織
線

a Hamanaka Eco Andaria
40g／球（約 80m） 鉤針 5/0 ～ 7/0 號

b Hamanaka Amerry L《極太》
40g／球（約 50m） 棒針 13 ～ 15 號　鉤針 10/0 號

c Hamanaka nenne（ねんね）
30g／球（約 150m） 棒針 4 號　鉤針 3/0 號

d Hamanaka Amerry
40g／球（約 110m） 棒針 6 ～ 7 號　鉤針 5/0 ～ 6/0 號

e Hamanaka Aran Tweed
40g／球（約 82m） 棒針 8 ～ 10 號　鉤針 8/0 號

f Hamanaka Luna Mole
50g／球（約 70m） 棒針 10 ～ 12 號　鉤針 7/0 號

g Hamanaka Paume Baby Color
25g／球（約 70m） 棒針 5 ～ 6 號　鉤針 5/0 號

h Hamanaka Paume《無垢棉》Crochet
25g／球（約 107m） 棒針 3 號　鉤針 3/0 號

i Hamanaka Paume Crochet《草木染》
25g／球（約 107m） 棒針 3 號　鉤針 3/0 號

j Olympus Tree House Palace
40g／球（約 104m） 棒針 6 ～ 8 號　鉤針 6/0 ～ 7/0 號

k Olympus Tree House Ground
40g／球（約 71m） 棒針 8 ～ 10 號　鉤針 7/0 ～ 8/0 號

l Olympus Tree House Palace Tweed
40g／球（約 82m） 棒針 9 ～ 11 號　鉤針 7/0 ～ 8/0 號

m Olympus make make
25g／球（約 62m） 棒針 6 ～ 7 號　鉤針 6/0 ～ 7/0 號

n DARUMA GIMA
30g／球（約 46m） 鉤針 8/0 ～ 9/0 號

o DARUMA Soft Tam（手つむぎ風タム糸）
30g／球（約 58m） 棒針 11 ～ 12 號　鉤針 8/0 ～ 9/0 號

p DARUMA Merino Style 並太
40g／球（約 88m） 棒針 6 ～ 7 號　鉤針 6/0 ～ 7/0 號

q DARUMA Pom Pom Wool
30g／球（約 42m） 棒針 10 ～ 11 號　鉤針 8/0 ～ 9/0 號

r DARUMA Combination Wool
40g／球（約 38m） 棒針 15 號～ 7mm　鉤針 7 ～ 8mm

s DARUMA Fake Fur
約 15m　棒針 9 ～ 10mm　鉤針 8 ～ 10mm

＊線材圖為原寸。

P.12·13 9

使用線材

Olympus Tree House Ground
杏色（302）50g

工具

4支棒針 8號
麻花針

密度（10cm四方）

花樣編 18.5針 24.5段

完成尺寸

頭圍45cm

織法

1. 手指掛線起針法接合成圈，進行一針鬆緊針、花樣編、平面針的輪編，編織本體。
2. 收針段進行縮口收縫。

本體
8號棒針

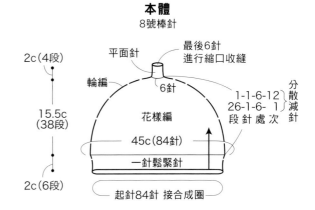

本體織圖

□ = □ 省略下針記號

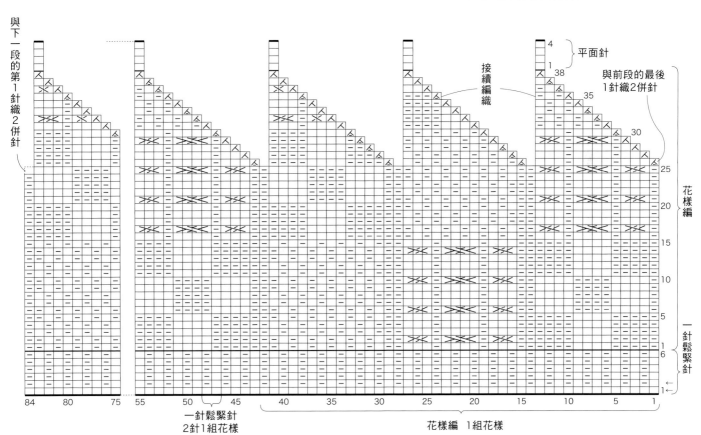

31

1・2・3

1

2

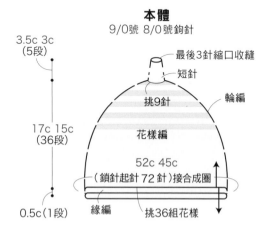

3

使用線材

1 Hamanaka Aran Tweed
　藍色（13）50g
　原色（1）10g
2 DARUMA Pom Pom Wool
　檸檬黃×黑色（11）70g
　淺灰色×黑色（6）20g
3 Olympus Tree House Palace
　粉紅色（408）35g
　淺棕色（403）10g

工具

鉤針　1・2　9/0號　3　8/0號

密度（10cm四方）

1・2　花樣編　14針　21段
3　　花樣編　16針　24段

完成尺寸

1・2　頭圍52cm
3　　頭圍45cm

織法

1. 鎖針起針接合成圈，進行花樣編、短針的
　輪編，鉤織本體。
2. 收針段進行縮口收縫。
3. 沿起針針目挑針，以輪編進行緣編。

藍字＝1・2
紅字＝3
黑字＝通用

本體
9/0號 8/0號鉤針

3.5c 3c
（5段）

最後3針縮口收縫
短針
挑9針
輪編
花樣編

17c 15c
（36段）

52c 45c
（鎖針起針72針）接合成圈
挑36組花樣
緣編

0.5c（1段）

※參照織圖進行減針與配色。

花樣編 2段1組花樣

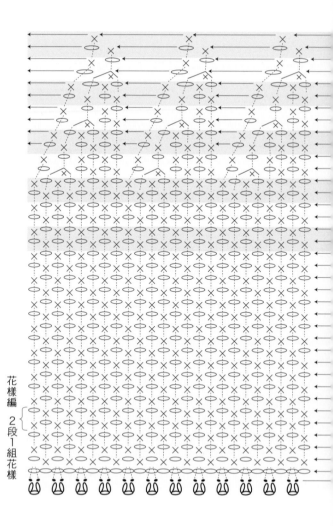

	1	2	3
A色	藍色	檸檬黃×黑色	粉紅色
B色	原色	淺灰色×黑色	淺棕色

□＝A色　　□＝B色

本體織圖

▷＝接線

▶＝剪線　　　　　↑＝⌃ 短針3併針

短針的第1段
是挑前段針目鉤織

短針

※ 花樣編的 ⋮ 與 ⌃ 皆是在前前段的針目挑針，
一邊包裹前段的鎖針一邊鉤織。

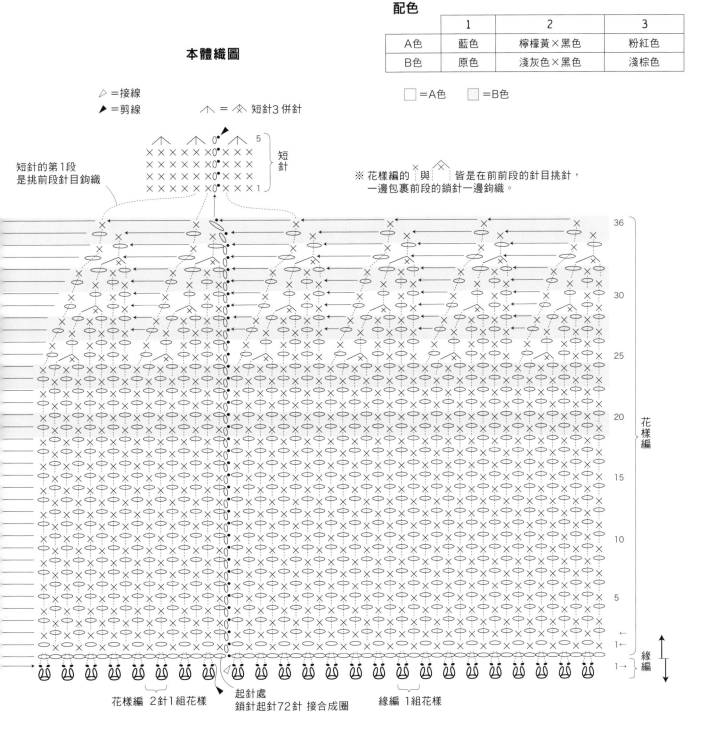

花樣編　2針1組花樣

起針處
鎖針起針72針 接合成圈

緣編　1組花樣

4·5

4

5

使用線材

4 DARUMA GIMA
孔雀藍（8）35g
黃色（4）15g
5 DARUMA Soft Tam
淺灰色（10）25g
蕃茄紅（17）10g

工具

4支棒針　4 11號、7號　5　12號、8號

密度（10cm四方）

織入花樣·平面針 17針　20段

完成尺寸

頭圍49cm

織法

1. 手指掛線起針法接合成圈，進行一針鬆緊針、織入花樣（在織片背面渡線的方式）、平面針的輪編，編織本體。
2. 收針段進行縮口收縫。

配色

	4	5
A色	孔雀藍	淺灰色
B色	黃色	蕃茄紅

本體織圖

□ = A色　□ = B色

藍字＝4
紅字＝5
黑字＝通用

本體

與最初的針目作鎖針接縫

一邊將餘下7針減為4針
一邊織套收針

2段平
3-1-7-1
2-2-7-4
4-2-7-1
段針處次

分散減針

8.5c
（17段）

平面針　A色
11號　12號

7.5c
（15段）

挑84針　織入花樣
11號　12號

輪編

49c（84針）

2c
（4段）

起針84針接合成圈

一針鬆緊針 A色
7號 8號

※參照織圖配色。

5織入花樣1組花樣
段1花樣

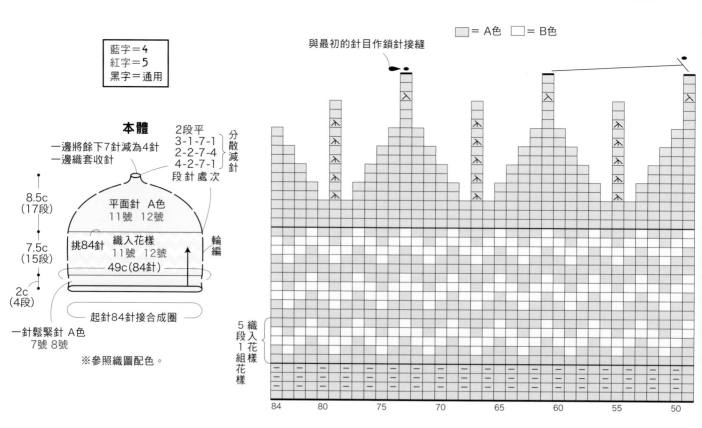

84　　80　　75　　70　　65　　60　　55　　50

織入花樣
（在織片背面渡線的方式）

以底色線編織時，配色線置於織片背面；以配色線編織時，底色線置於織片背面，一邊編織，一邊將背面的織線渡線。為了避免背面的渡線織線過緊或過於鬆弛，編織時請注意拉線的力道。

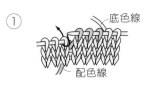

① 底色線暫休針，以配色線編織後，棒針依箭頭指示穿入，再次以休針的底色線進行編織。

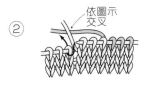

② 以底色線編織必要針數後，改換成配色線進行編織。此時，依圖示交叉織線。

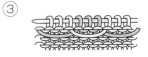

③ 背面織線如圖示，形成渡線的狀態。

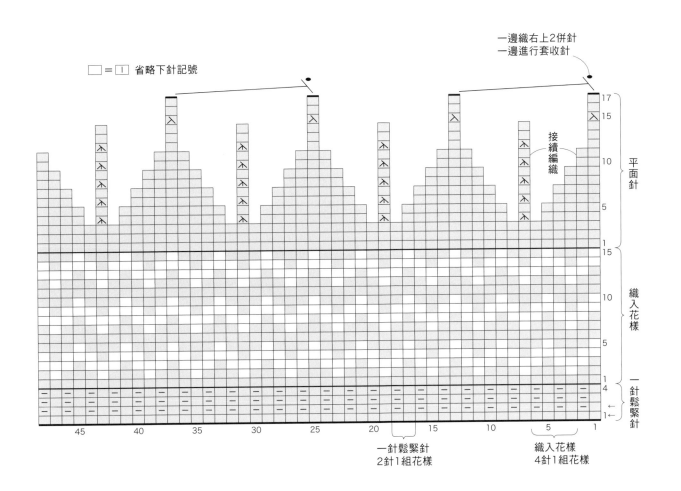

一邊織右上2併針
一邊進行套收針

□＝口 省略下針記號

接續編織

平面針

織入花樣

一針鬆緊針

一針鬆緊針
2針1組花樣

織入花樣
4針1組花樣

使用線材	密度（10cm四方）	織法

使用線材
DARUMA Merino Style並太
芥末黃（13）55g
DARUMA Fake Fur
淺茶色（2）5m

工具
4支棒針 6號、5號

密度（10cm四方）
一針鬆緊針（5號棒針）
24針 32段
花樣編（6號棒針）
23針 35段

完成尺寸
頭圍50cm

織法
1. 手指掛線起針法接合成圈，
進行一針鬆緊針、花樣編的
輪編，編織本體。
2. 收針段進行縮口收縫。
3. 製作絨球，接縫於帽頂。

本體
芥末黃

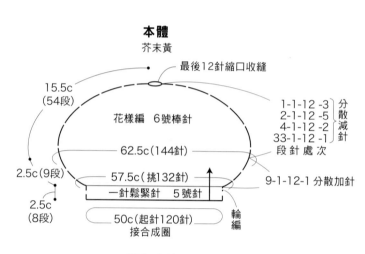

最後12針縮口收縫
15.5c（54段）
花樣編 6號棒針
62.5c（144針）
57.5c（挑132針）
一針鬆緊針 5號針
50c（起針120針）
接合成圈
2.5c（9段）
2.5c（8段）
輪編

1-1-12 -3
2-1-12 -5
4-1-12 -2
33-1-12 -1
分散減針
段 針 處 次

9-1-12-1 分散加針

製作方法

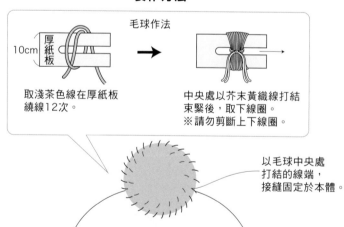

毛球作法

10cm 厚紙板

取淺茶色線在厚紙板
繞線12次。

中央處以芥末黃織線打結
束緊後，取下線圈。
※請勿剪斷上下線圈。

以毛球中央處
打結的線端，
接縫固定於本體。

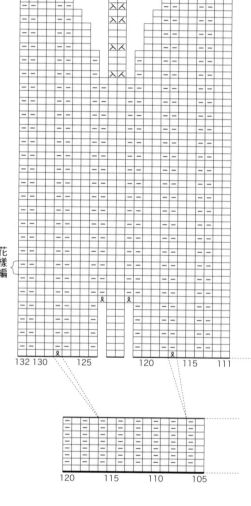

2段1組花樣
花樣編

132 130　125　　120　115　111

120　115　110　105

本體織圖

□ = ▯ 省略下針記號
⟨⟩ = 扭加針

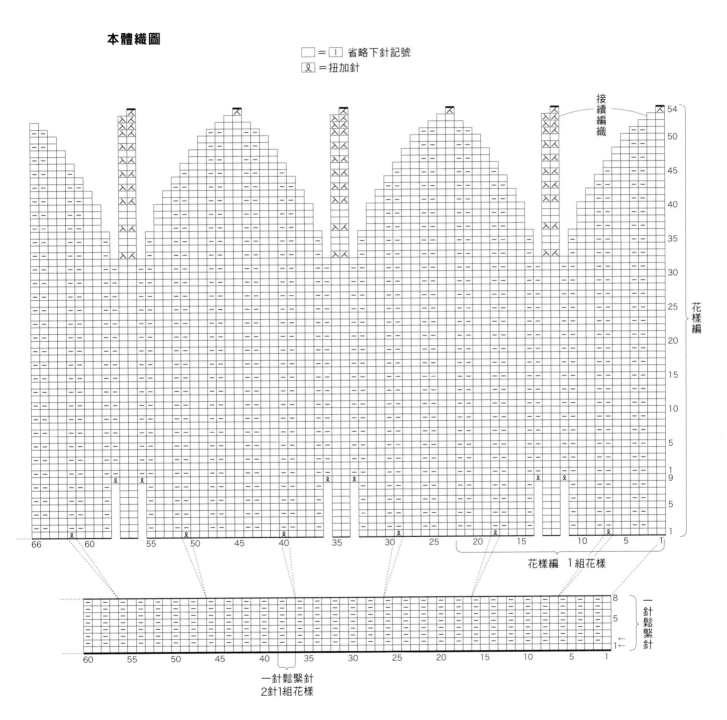

接續編織

花樣編 1組花樣

一針鬆緊針

一針鬆緊針
2針1組花樣

7

8

【使用線材】
Olympus Tree Palace Tweed
7　紅棕色（504）60g
8　灰色（503）60g

【工具】
鉤針　8/0號

【密度（10cm四方）】
中長針　16針　14段
【完成尺寸】
頭圍50cm
【織法】
1. 手指繞線作輪狀起針，以中長針、緣編的輪編鉤織本體。
2. 手指繞線作輪狀起針，以中長針的輪編鉤織耳朵。
3. 將耳朵接縫於本體上。

本體
8/0號鉤針

14c
(20段)

輪編

中長針

50c（80針）

2c
(2段)

挑80針　　緣編

※參照織圖進行加針。

耳朵織圖（2片）
中長針　8/0號鉤針

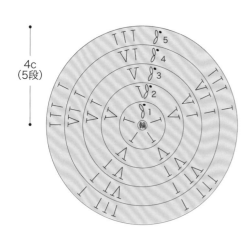

4c
(5段)

5 …20針(不加減針)
4 …20針
3 …15針　每段加5針
2 …10針
1 …5針
段

製作方法

將耳朵的收針段壓平，彎成圓弧狀後捲針縫固定於本體上。

本體的起針處

5段　　4段

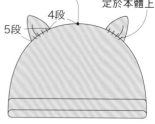

捲針縫

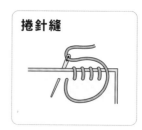

本體織圖

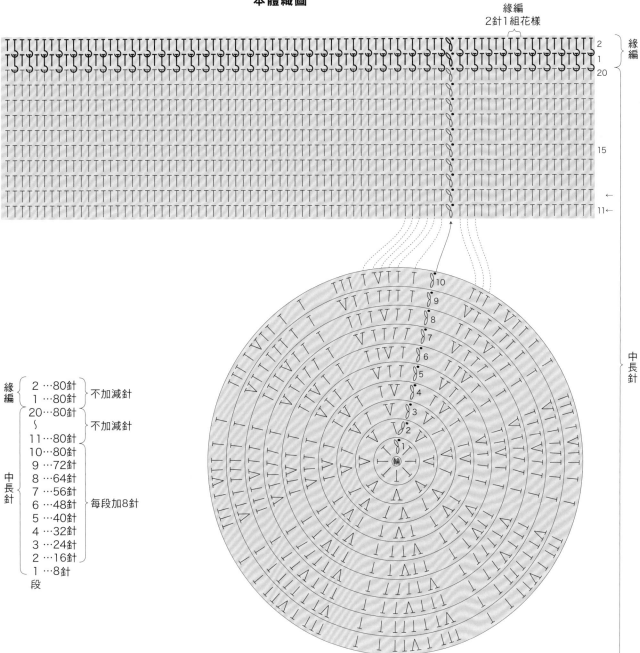

緣編
2針1組花樣

緣編 { 2…80針 } 不加減針
    { 1…80針 }
    { 20…80針 } 不加減針
    { 〜 }
中長針 { 11…80針 }
    { 10…80針 }
    { 9 …72針 }
    { 8 …64針 }
    { 7 …56針 } 每段加8針
    { 6 …48針 }
    { 5 …40針 }
    { 4 …32針 }
    { 3 …24針 }
    { 2 …16針 }
    { 1 …8針 }
段

緣編

中長針

使用線材
Hamanaka Luna Mole
原色（11）70g

工具
鉤針 8/0號

密度（10cm四方）
短針 15針 18.5段

完成尺寸
頭圍52cm

織法
1. 手指繞線作輪狀起針，以短針鉤織本體。
2. 接續鉤織緣編。

本體
8/0 號鉤針

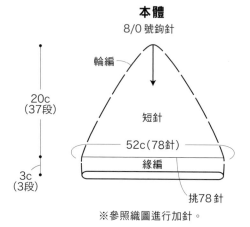

輪編

20c（37段）

短針

52c（78針）

緣編

3c（3段）

挑78針

※參照織圖進行加針。

製作方法

3c

往外側反摺

手指繞線作輪狀起針
※以第1段鉤織短針的情況來說明。

① 在手指上繞線2圈。

② 鉤針穿入線圈中，掛線後鉤出織線。

③ 鉤針掛線，依箭頭指示引拔鉤出。

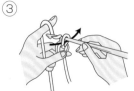

④ 鉤織第1段立起針的鎖針，鉤針穿入線圈中掛線，依箭頭指示鉤出織線，鉤織短針。

立起針1針的鎖針

⑤ 在輪上織入指定針數後，拉動線端，收緊其中一個線圈。

⑥ 拉動線端，將另一個線圈也收緊。

⑦ 鉤針依箭頭指示穿入第1針的短針，鉤織引拔針。

本體織圖

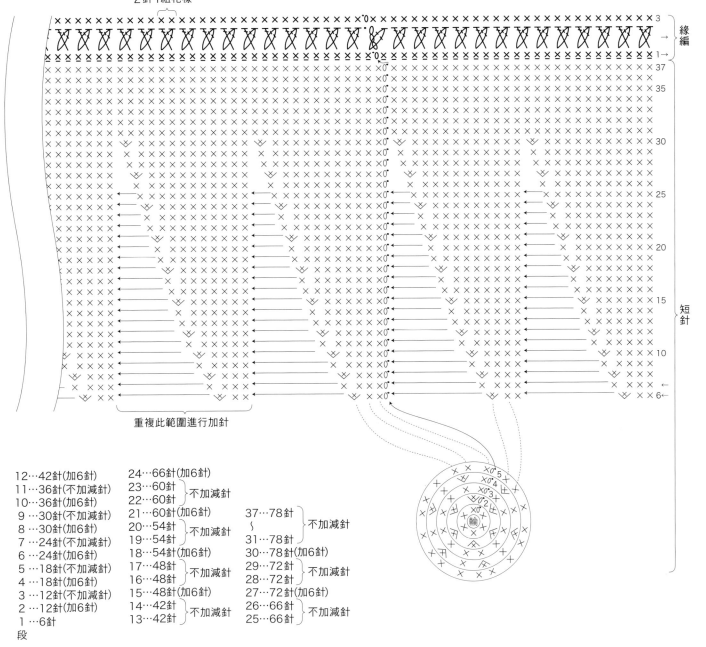

緣編
2針1組花樣

緣編 →

短針

重複此範圍進行加針

12…42針(加6針)
11…36針(不加減針)
10…36針(加6針)
9 …30針(不加減針)
8 …30針(加6針)
7 …24針(不加減針)
6 …24針(加6針)
5 …18針(不加減針)
4 …18針(加6針)
3 …12針(不加減針)
2 …12針(加6針)
1 …6針
段

24…66針(加6針)
23…60針 ┐
22…60針 ┘不加減針
21…60針(加6針)
20…54針 ┐
19…54針 ┘不加減針
18…54針(加6針)
17…48針 ┐
16…48針 ┘不加減針
15…48針(加6針)
14…42針 ┐
13…42針 ┘不加減針

37…78針 ┐
～   ├不加減針
31…78針 ┘
30…78針(加6針)
29…72針 ┐
28…72針 ┘不加減針
27…72針(加6針)
26…66針 ┐
25…66針 ┘不加減針

41

使用線材
Hamanaka Eco Andaria
復古綠（68）70g

工具
鉤針　6/0號

密度（10cm四方）
花樣編　20針　14段

完成尺寸
頭圍52cm

織法
手指繞線作輪狀起針，以花樣編、短針鉤織本體。

本體
6/0號鉤針

輪編
20.5c（29段）
花樣編
52c（104針）
短針
挑112針
3c（7段）
※參照織圖進行加針。

製作方法

3c
往外側反摺

本體織圖　※第1、2段短針的加針為重複鉤織　段落。

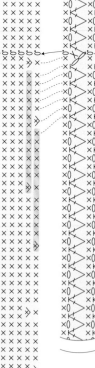

短針

7　5　1

29

25←
24←

花樣編　2針1組花樣

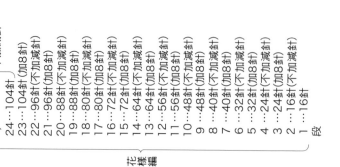

段	針數	備註
短針 7	120針	不加減針
~		
短針 3	120針	不加減針
短針 2	120針	
短針 1	112針	每段加8針
花樣編 29	104針	不加減針
~		
24	104針	
23	104針	（加8針）
22	96針	（不加減針）
21	96針	（加8針）
20	88針	（不加減針）
19	88針	（加8針）
18	80針	（不加減針）
17	80針	（加8針）
16	72針	（不加減針）
15	72針	（加8針）
14	64針	（不加減針）
13	64針	（加8針）
12	56針	（不加減針）
11	56針	（加8針）
10	48針	（不加減針）
9	48針	（加8針）
8	40針	（不加減針）
7	40針	（加8針）
6	32針	（不加減針）
5	32針	（加8針）
4	24針	（不加減針）
3	24針	（加8針）
2	16針	（不加減針）
1	16針	

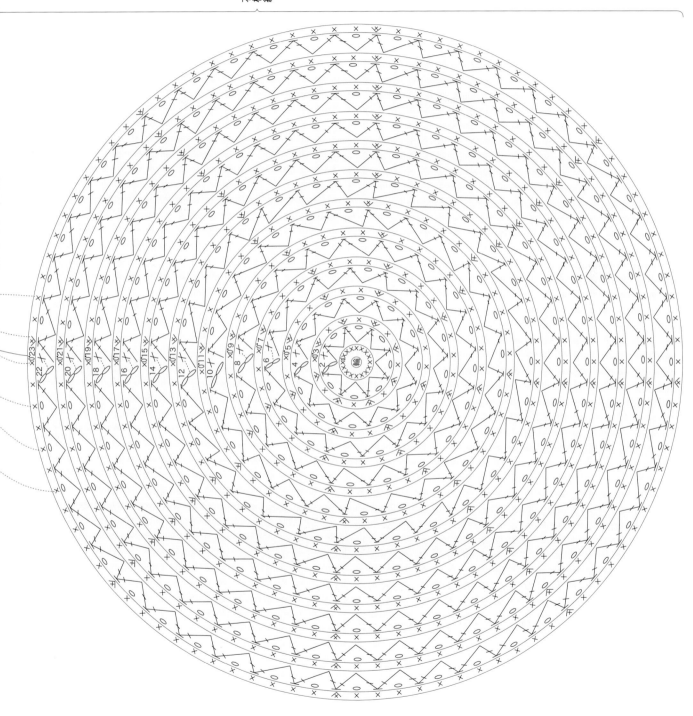

12

使用線材
Olympus make make
粉紅色系Mix（4）60g
工具
4支棒針 5號、6號
密度（10cm四方）
短針 27針 36.5段
完成尺寸
頭圍52cm
織法
1. 手指掛線起針法接合成圈，
　進行一針鬆緊針、花樣編的
　輪編，編織本體。
2. 收針段進行縮口收縫。

本體

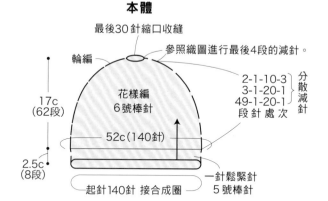

最後30針縮口收縫
參照織圖進行最後4段的減針。
輪編
2-1-10-3
3-1-20-1
49-1-20-1
段針處次
分散減針
花樣編
6號棒針
52c（140針）
17c（62段）
2.5c（8段）
起針140針 接合成圈
一針鬆緊針
5號棒針

本體織圖

□＝□ 省略下針記號

人＝□ 的2針織左上2併針
木＝■ 的3針織左上3併針
※為了維持減針後花樣的完整，因此在第60與
61段的開頭進行不規則的減針。

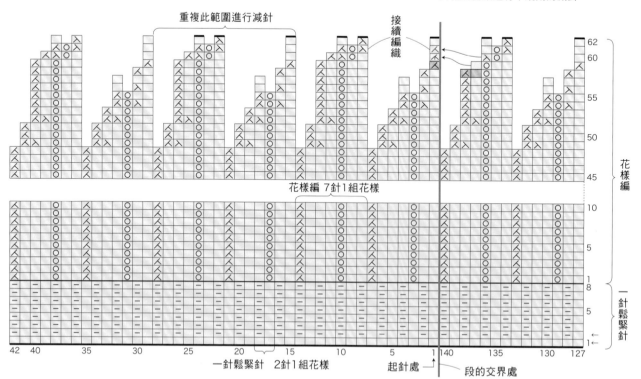

使用糸

Hamanaka Paume Baby Color
紫色（304）45g

用具

4支棒針 6號
鉤針 5/0號

密度（10cm四方）

花樣編 20針 30.5段

完成尺寸

頭圍48cm

織法

1. 手指掛線起針法接合成圈，進行平面針、花樣編的輪編，編織本體。
2. 收針段進行縮口收縫。

□ = ⌇ （5/0號鉤針）

①針目由左棒針移至鉤針上。
②鉤織3針鎖針。
③鉤針穿入①的針目中，鉤織4長針的玉針。
④將掛在鉤針上的線圈移至右棒針上。

本體
6號棒針

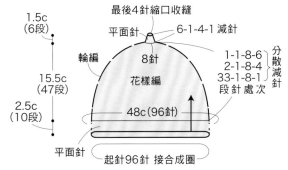

1.5c（6段）
15.5c（47段）
2.5c（10段）

最後4針縮口收縫
平面針
輪編
6-1-4-1 減針
8針
花樣編
1-1-8-6
2-1-8-4
33-1-8-1
段針處次
分散減針
48c（96針）
平面針
起針96針 接合成圈

※起針部分的平面針會自然地往外側捲起。

本體織圖

□ = │ 省略下針記號　　Ⱥ = 扭加針

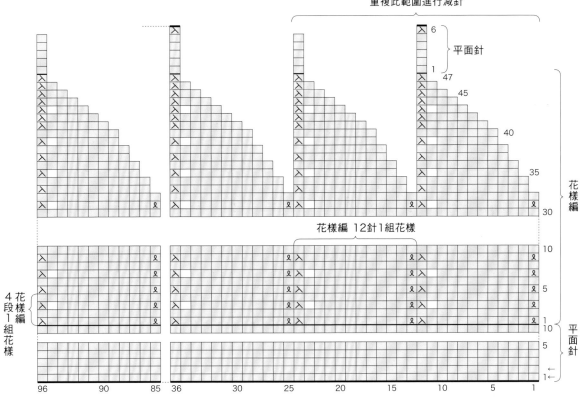

重複此範圍進行減針

平面針
花樣編
花樣編 12針1組花樣
4段1組花樣 花樣編
平面針

96　90　85　36　30　25　20　15　10　5　1

使用線材
Hamanaka Amerry L《極太》
原色（101）60g

工具
4支棒針 12號

密度（10cm四方）
花樣編B 13.5針 20段

完成尺寸
頭圍48cm

織法
1. 手指掛線起針，以花樣編A編織護耳。
2. 以捲針起針，編織途中在護耳上挑針，接合成圈。
   接著以二針鬆緊針、花樣編B的輪編，編織本體。
3. 收針段進行縮口收縫。
4. 於護耳繫上綁帶。

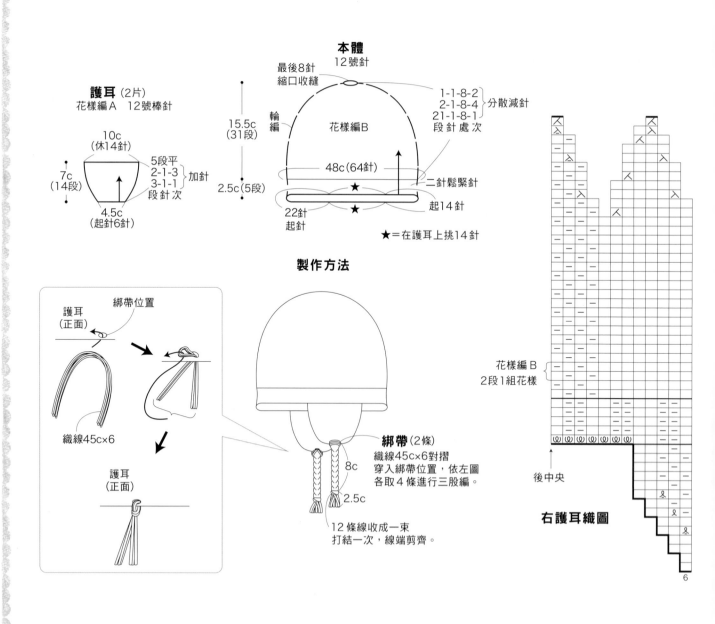

護耳（2片）
花樣編A 12號棒針

10c
（休14針）

5段平
2-1-3
3-1-1 加針
段針次

7c
（14段）

4.5c
（起針6針）

本體
12號針

最後8針
縮口收縫

輪編

15.5c
（31段）

花樣編B

2.5c（5段）

1-1-8-2
2-1-8-4 分散減針
21-1-8-1
段針處次

48c（64針）

二針鬆緊針

起14針

22針
起針

★＝在護耳上挑14針

製作方法

護耳
（正面）

綁帶位置

織線45c×6

護耳
（正面）

8c

2.5c

綁帶（2條）
織線45c×6對摺
穿入綁帶位置，依左圖
各取4條進行三股編。

12條線收成一束
打結一次，線端剪齊。

花樣編B
2段1組花樣

後中央

右護耳織圖

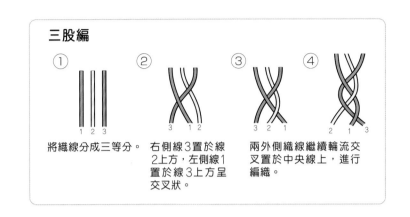

三股編

① 將織線分成三等分。

② 右側線3置於線2上方，左側線1置於線3上方呈交叉狀。

③④ 兩外側織線繼續輪流交叉置於中央線上，進行編織。

本體織圖

□ = Ⅰ 省略下針記號　　Ω = 扭加針
⬤ = 綁帶位置　　Ω = 扭加針（上針）

花樣編B 1組花樣

接續編織

花樣編B

二針鬆緊針

前中央

二針鬆緊針
4針1組花樣

左護耳織圖

花樣編A

本體起針處

花樣編A

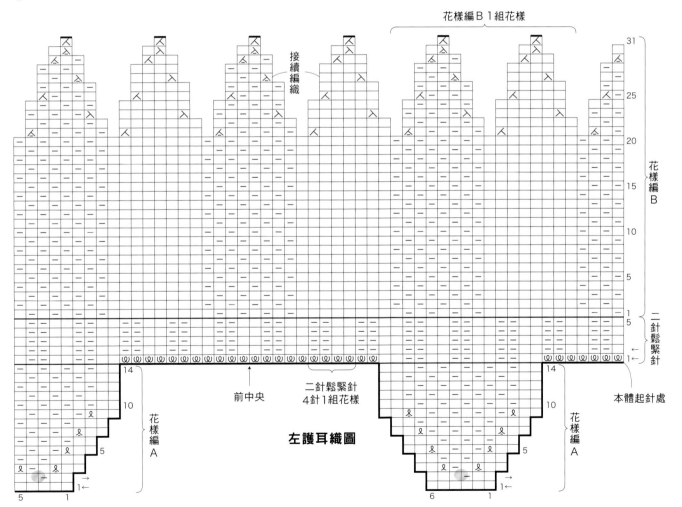

15

使用線材
Hamanaka Amerry
海軍藍（17）25g
天然白（20）15g
橘色（4）10g
維吉尼亞藍鈴（46）10g

工具
4支棒針　6號
鉤針　4/0號

密度（10cm四方）
花樣編　20針　27段

完成尺寸
頭圍45cm

織法
1. 手指掛線起針法接合成圈，進行一針鬆緊針、花樣編的輪編，編織本體。
2. 收針段進行縮口收縫。
3. 在本體上鉤織裝飾繡。
4. 製作毛球，固定於帽頂。

本體
6號棒針

最後9針
縮口收縫

1-1-9-8
34-1-9-1　分散減針
段針處次

輪編

花樣編

45c（90針）

15.5c
（42段）

一針鬆緊針
海軍藍

7c（20段）

起針90針
接合成圈

※參照織圖進行花樣編的配色與裝飾繡。

製作方法

於帽頂接縫毛球（長度7c的紙板，取海軍藍、天然白、橘色、維吉尼亞藍鈴各1條，4條一起繞線30圈。）

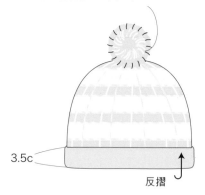

3.5c

反摺

縮口收縫

① 收針處織線
在最終段的針目穿入織線。

② 穿線2圈
再次穿入。

③ 在背面收針藏線
拉線縮口束緊，織線穿至背面，藏於織片中，剪線。

裝飾繡的鉤織方法

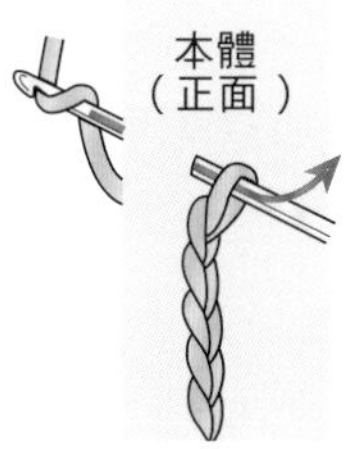

本體（正面）

每段鉤1針引拔針。

鉤針從正面穿入，

本體織圖

□ = I 省略下針記號

■ = 海軍藍　　　　■ = 橘色

□ = 天然白　　　　□ = 維吉尼亞藍鈴

= 以天然白進行裝飾繡（4/0號鉤針）

= 以橘色進行裝飾繡（4/0號鉤針）

花樣編1組花樣

與前段的最後1針織2併針

接續編織

與下一段的第1針織2併針

花樣編

一針鬆緊針

42
40
35
30
25
20
15
10
5
1

20
15
5
1

90　85　80　74　　40　35　30　25　20　15　10　5　1

一針鬆緊針
2針1組花樣

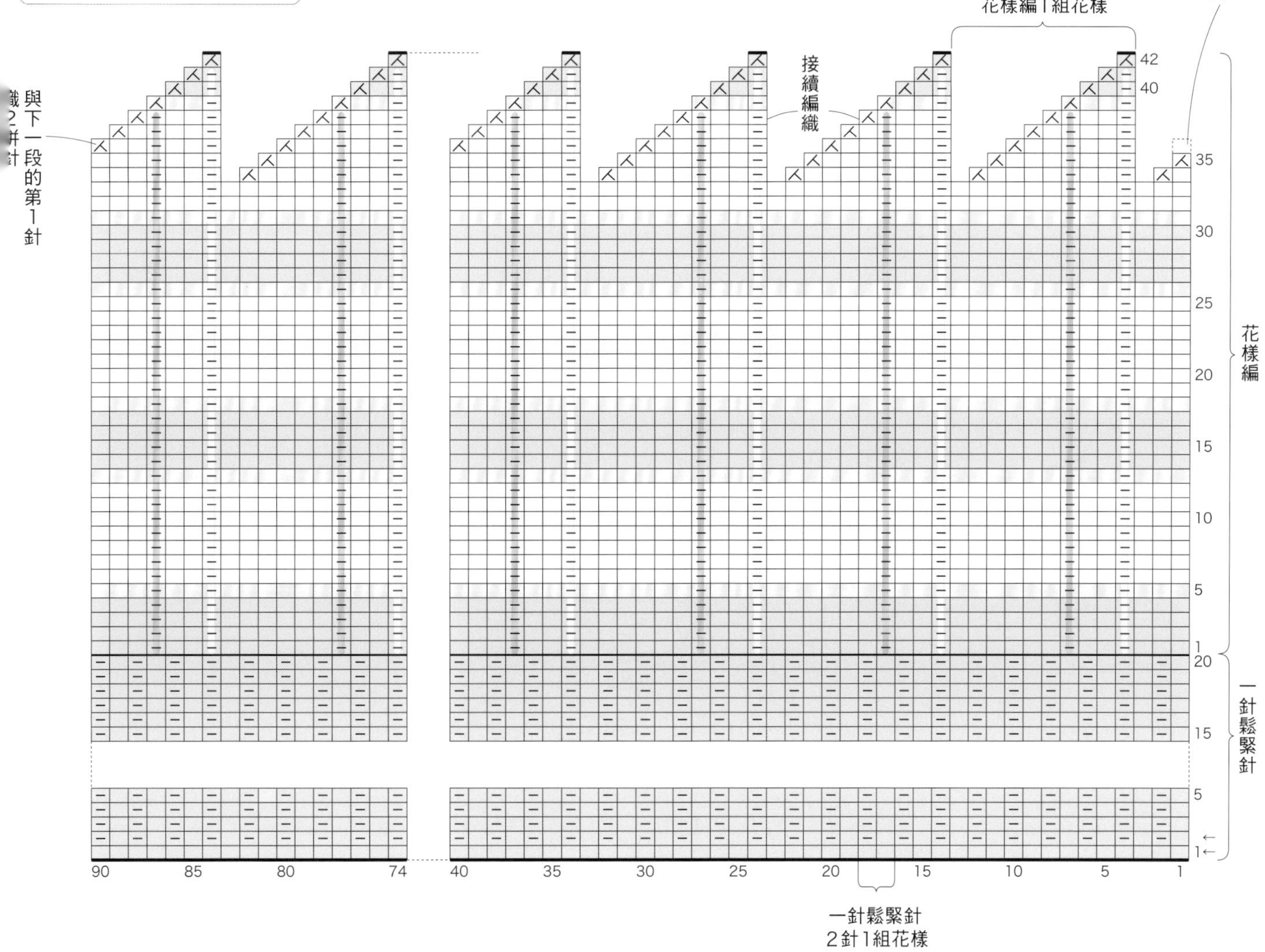

16

17

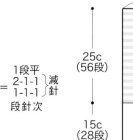

使用線材

16 DARUMA Combination Wool
　綠色×原色（10）120g
　綠色（11）65g
17 DARUMA Combination Wool
　灰色×原色（2）120g
　灰色（3）65g

工具

單頭棒針2支　15號
鉤針　8/0號

密度（10cm四方）

花樣編A　13針　18.5段
花樣編B　13針　22.5段

完成尺寸

頭圍46cm

織法

1. 手指掛線起針，以花樣編A・B編織脖圍與風帽部分。
2. 如圖示將本體對摺，收針段進行引拔針併縫。
3. 沿風帽帽口挑針，編織一針鬆緊針的緣編，最後以一針鬆緊針收縫。
4. 挑針綴縫接合緣編與脖圍的部分。
5. 以鎖針鉤織掛繩，製作流蘇，接縫於帽頂。

本體
15號棒針

休28針　　　　　休28針
★　　★

風帽
花樣編B

挑60針

脖圍
花樣編A　A色

25c
（56段）

15c
（28段）

23c
（52段）

2c
（4段）

※參照織圖進行花樣編B的配色。

46c（起針60針）

★＝
1段平
2-1-1 }減
1-1-1 }針
段針次

掛繩織圖
鎖針　B色
8/0號鉤針

9c

起針處
鎖針起針14針

緣編
一針鬆緊針
A色　15號棒針

2c
（4段）

一針鬆緊針收縫

沿風帽帽口挑86針

引拔針併縫（參照P.59）

本體對摺，收針段進行

挑針綴縫（參照P.59）

製作方法

在風帽帽頂接縫流蘇

流蘇作法

①B色在紙板上繞線20圈。

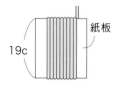

紙板

19c

②取下紙板上的織線，掛繩打單結作成圈，置於線圈中央一起牢牢束緊。

掛繩

以B色線綁緊

③繩結朝上，線圈對摺，再將線圈兩端剪開。

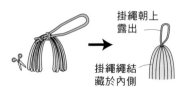

掛繩朝上露出

掛繩繩結藏於內側

④距離流蘇頂部2.5c處綁緊束起，末端剪齊。

以B色束緊

2.5c

6.5c

修剪整齊

本體織圖

□ = |I| 省略下針記號　　□ = A色　　□ = B色

接續編織

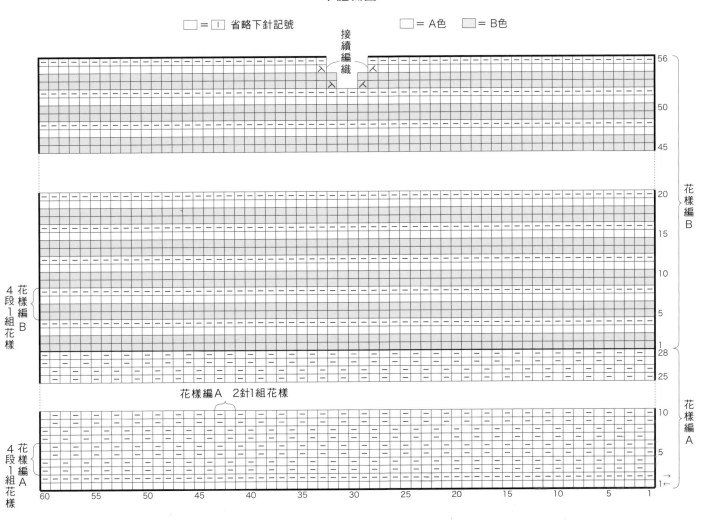

花樣編B

4段1組花樣 花樣編B

花樣編A　2針1組花樣

花樣編A

4段1組花樣 花樣編A

60　55　50　45　40　35　30　25　20　15　10　5　1

緣編織圖

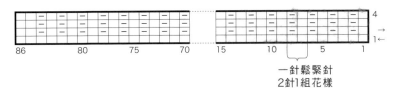

86　80　75　70　　15　10　5　1

一針鬆緊針
2針1組花樣

配色

	16	17
A色	綠色×原色	灰色×原色
B色	綠色	灰色

51

18

Olympus Tree House Palace
水藍（405）30g
藍綠（409）30g
原色（401）15g

工具

鉤針 7/0號

密度

花樣編A 1組花樣＝3cm 8段＝5cm
花樣編B（10cm正方） 18.5針 12段

完成尺寸

頭圍48cm

織法

1. 鎖針起針接合成圈，鉤織花樣編A與帽口
   緣編的輪編。

2. 在起針的鎖針上挑針，進行花樣編B的輪
   編，鉤織帽冠。

3. 收針段進行縮口收縫。

本體
7/0號鉤針

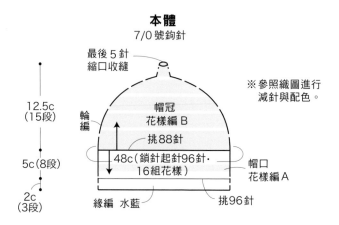

最後5針
縮口收縫

12.5c
（15段）

輪編

帽冠
花樣編B

挑88針

5c（8段）

48c（鎖針起針96針·
16組花樣）

2c
（3段）

緣編 水藍

帽口
花樣編A

挑96針

※參照織圖進行
減針與配色。

花樣編A織法

第1～2段

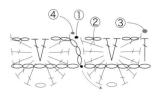

①第1段的鉤織終點在立起
　針的鎖針上鉤織引拔針。

②第2段是看著織片正面，在
　前段的V針腳挑束鉤織。

③在T上鉤織引拔針。

④第2段的鉤織終點同①，挑
　同一鎖針鉤引拔針。

第3段以後

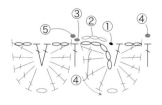

①奇數段的鉤織終點是在立起
　針的鎖針上鉤織引拔針。

②鉤織3針鎖針。

③在T上鉤織引拔針。

④一邊看著織片正面，一邊在
　前段的Y或V針腳挑束鉤
　織，再於T上鉤引拔針。

⑤偶數段的鉤織終點，同樣是
　在③的T上鉤引拔針。

本體織圖

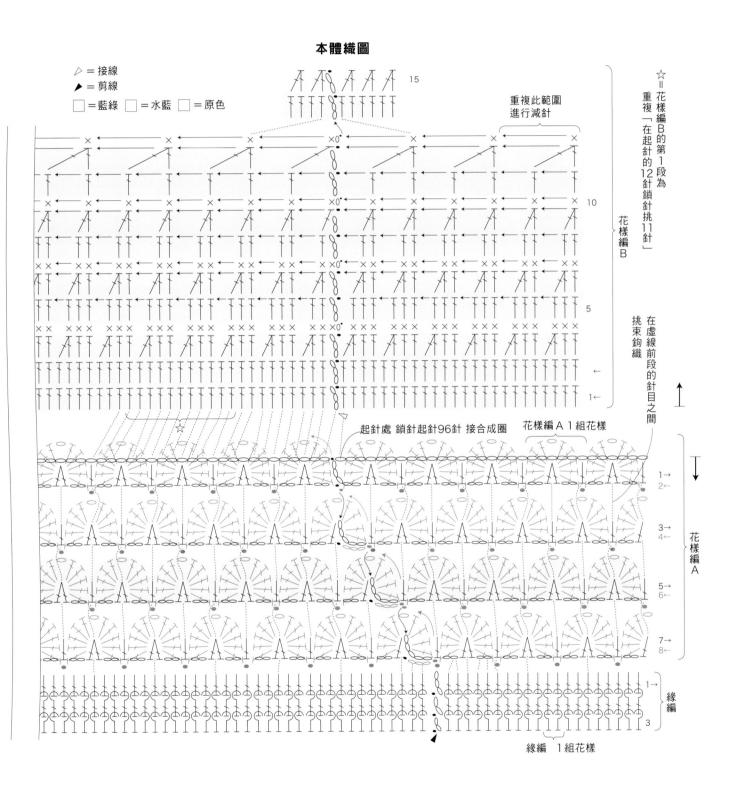

◁ = 接線
► = 剪線

▢ = 藍綠　▢ = 水藍　▢ = 原色

重複此範圍
進行減針

☆ = 花樣編B的第1段為
重複「在起針的
12針鎖針挑11針」

在虛線前段的針目之間
挑束鉤織

15

10

5

花樣編B

起針處 鎖針起針96針 接合成圈

花樣編A 1組花樣

1→
2←

3→
4←

花樣編A

5→
6←

7→
8←

1→

緣編

3

緣編 1組花樣

19

使用線材

Hamanaka Eco Andaria
米白色（168）45g
淺棕色（15）25g

工具

鉤針 5/0號

密度（10cm四方）

花樣編 18.5針 17.5段

完成尺寸

頭圍52cm

織法

1. 手指繞線作輪狀起針，以花樣編鉤織本體
   與耳朵。
2. 接續鉤織緣編。

本體

5/0 號鉤針

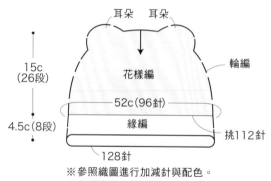

耳朵　耳朵

15c
（26段）

4.5c（8段）

花樣編

輪編

52c（96針）

緣編

挑112針

128針

※參照織圖進行加減針與配色。
※參照織圖鉤織耳朵。

緣編	8 …128針	不加減針
	～	
	4 …128針	
	3 …128針(加16針)	
	2 …112針(不加減針)	
	1 …112針(加16針)	

花樣編	26…96針	不加減針
	～	
	23…96針	
	22…96針(加6針)	
	21…90針	不加減針
	～	
	18…90針	
	17…90針(加6針)	
	16…84針(減4針)	
	15…88針(減8針)	
	14…96針(不加減針)	
	13…96針(加2針)	
	12…94針(減2針)	
	11…96針(加2針)	
	10…94針(加6針)	
	9 …88針(加4針)	
	8 …84針(加14針)	
	7 …70針(加10針)	
	6 …60針(加12針)	
	5 …48針(加14針)	
	4 …34針(加10針)	
	3 …24針	每段加8針
	2 …16針	
	1 …8針	

段

製作方法

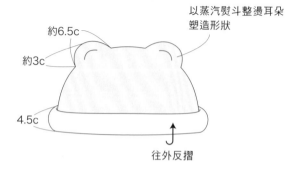

以蒸汽熨斗整燙耳朵
塑造形狀

約6.5c

約3c

4.5c

往外反摺

本體織圖

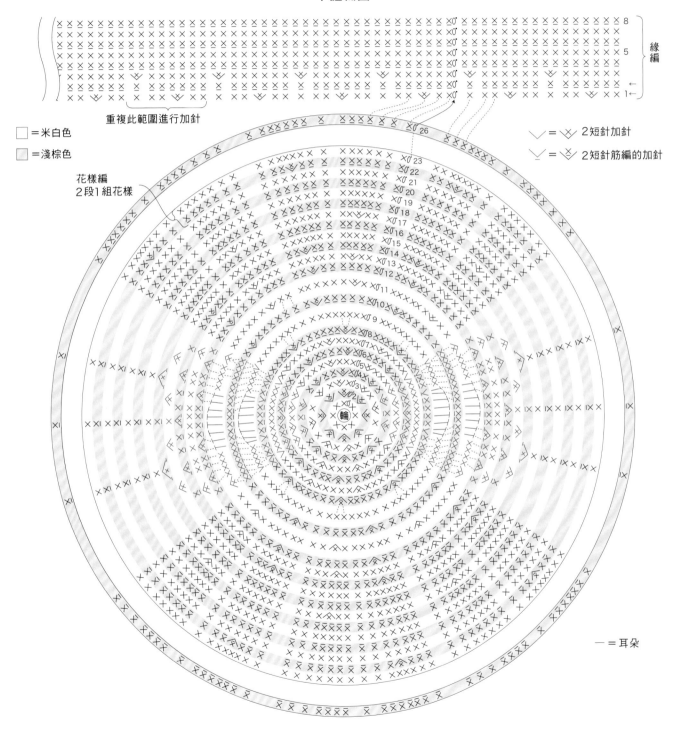

重複此範圍進行加針

緣編

□=米白色

□=淺棕色

花樣編
2段1組花樣

∨=↗ 2短針加針

∨=↗ 2短針筋編的加針

—=耳朵

55

20

使用線材

Hamanaka Eco Andaria
淺駝色（23）70g

工具

鉤針 5/0號

密度（10cm四方）

花樣編 21針 15段

完成尺寸

頭圍51.5cm

織法

手指繞線作輪狀起針，以花樣編、
短針鉤織本體。

製作方法

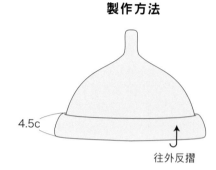

4.5c

往外反摺

本體

5/0號鉤針

輪編

18.5c
（28段）

花樣編

51.5c（108針）

4.5c（9段）

短針

挑108針

※參照織圖進行加針。

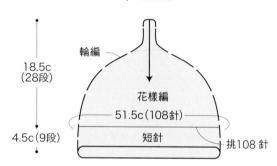

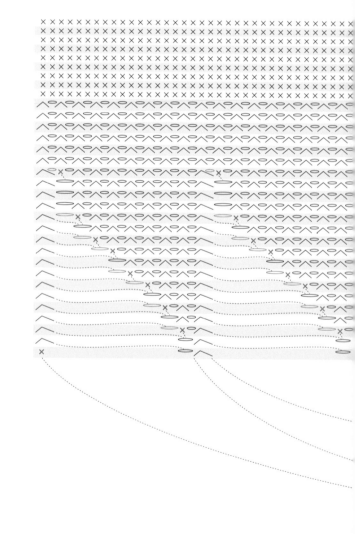

13 …60針 ┐
12 …48針 ┘每段加12針
11 …36針（不加減針）
10 …36針（加12針）
9 …24針（不加減針）
8 …24針（加12針）
7 …12針（不加減針）
6 …12針（加4針）
5 …8針 ┐
〜 ├不加減針
2 …8針 ┘
1 …8針
段

28 …108針 ┐
〜 ├不加減針
23 …108針 ┘
22 …108針（加12針）
21 …96針 ┐
〜 ├不加減針
19 …96針 ┘
18 …96針（加12針）
17 …84針（不加減針）
16 …84針 ┐
15 …72針 ┘每段加12針
14 …60針（不加減針）

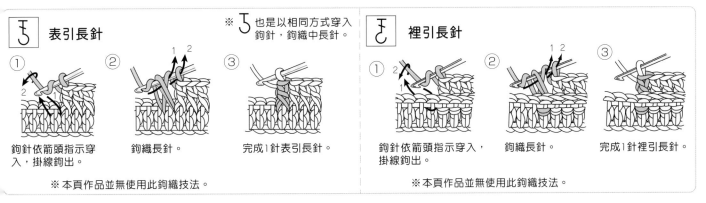

表引長針

① 鉤針依箭頭指示穿入，掛線鉤出。

② 鉤織長針。

③ 完成1針表引長針。

※ 本頁作品並無使用此鉤織技法。

※ ⌐J 也是以相同方式穿入鉤針，鉤織中長針。

裡引長針

① 鉤針依箭頭指示穿入，掛線鉤出。

② 鉤織長針。

③ 完成1針裡引長針。

※ 本頁作品並無使用此鉤織技法。

本體織圖

花樣編　2針1組花樣

※ 為了讓織圖更加淺顯易懂，以每段換色的方式說明。

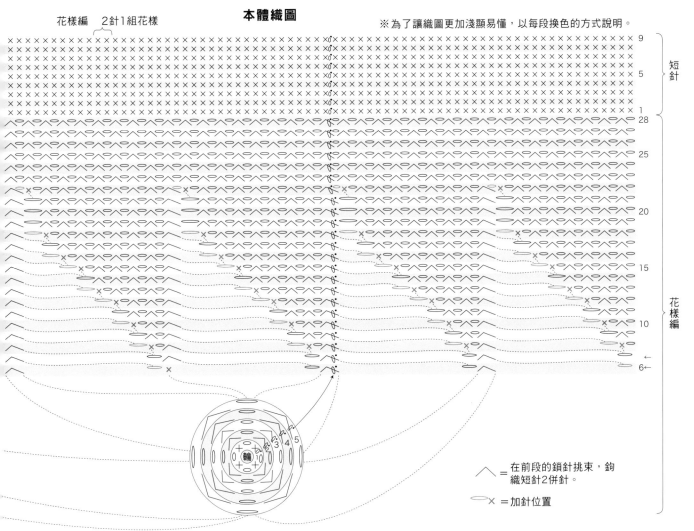

短針

花樣編

⌐ = 在前段的鎖針挑束，鉤織短針2併針。

⌐×= 加針位置

21·22

21

22

使用線材

21 Hamanaka Paume《無垢棉》Crochet
　原色（I）25g
　Hamanaka Paume Crochet《草木染》
　淺黃（71）25g

22 Hamanaka nenne
　櫻桃紅（6）20g
　杏黃（13）20g

其他材料

鈕釦（20mm）I顆

工具

單頭棒針2支　7號、9號
鉤針　8/0號（併縫用）

密度（10cm四方）

平面針　19.5針　26段

完成尺寸

參照織圖

織法

※皆取2條織線編織

1. 手指掛線起針，以花樣編、二針鬆緊針、
　平面針編織本體。

2. 將本體對摺，合印記號△與▲對齊進行引
　拔針併縫。

3. 在本體上挑針，以花樣編編織帽帶，最後
　織套收針。

4. 接縫鈕釦。

※ 織線皆取　21原色1條與淺黃1條
　　　　　　22櫻桃紅1條與杏黃1條　以雙線編織。

本體對摺，△與▲
對齊作引拔針併縫。

帽帶
花樣編
9號棒針

19.5c

37c

3 5c
（挑7針）

22段

第4針作1針
的釦眼

8c
（28段）

一邊減至5針
一邊進行套收針

本體

休72針

36針＝▲　　36針＝△

花樣編　平面針　花樣編　9號棒針

16.5c
（43段）

3c
（8段）

★　★

30c（58針）

花　二針鬆緊針　花　7號棒針

7針　58針　7針

起針72針

花＝花樣編　★＝3.5c（7針）

帽帶織圖

□＝□ 省略下針記號

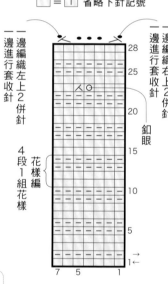

一邊編織左上2併針 / 一邊進行套收針
一邊編織右上2併針 / 一邊進行套收針

釦眼

4段1組花樣　花樣編

28
25
20
15
10
5
1

7　5　1

鈕釦縫法

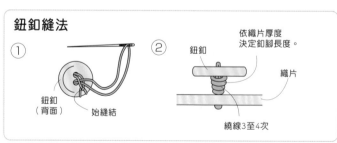

① 鈕釦（背面）　始縫結

② 鈕釦　依織片厚度決定釦腳長度。
織片
繞線3至4次

本體織圖

□ = I 省略下針記號　　　　　　　　　● = 鈕釦位置

平面針

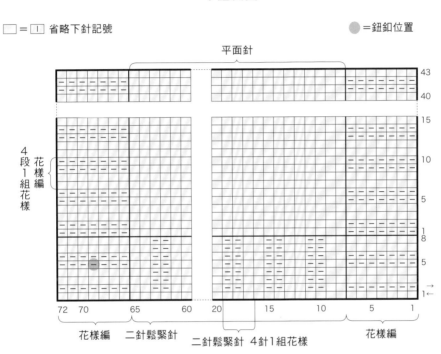

花樣編　二針鬆緊針　　二針鬆緊針　4針1組花樣　　　　　花樣編

引拔針併縫

兩織片正面相對疊合，鉤針一一穿入相對的2針目，掛線引拔。

① ② ③

挑針綴縫

① ② ③

由邊端開始，挑縫每一段的1針內側。

※ 本頁作品無使用此技法。

開始編織前

＊製圖說明

縮　寫

c＝cm
起＝起針
加＝加針
減＝減針
收＝套收針
休＝休針
平＝不加減針繼續編織

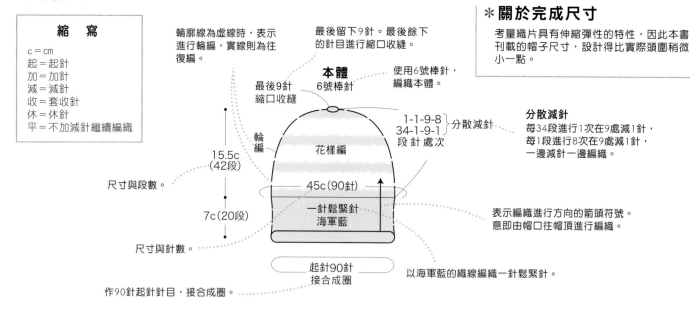

輪廓線為虛線時，表示進行輪編，實線則為往復編。

最後留下9針。最後餘下的針目進行縮口收縫。

本體
6號棒針

使用6號棒針，編織本體。

最後9針縮口收縫

輪編

花樣編

1-1-9-8
34-1-9-1 } 分散減針
段 針 處 次

15.5c
（42段）

尺寸與段數。

45c（90針）

7c（20段）

一針鬆緊針
海軍藍

尺寸與針數。

起針90針
接合成圈

作90針起針針目，接合成圈。

＊關於完成尺寸

考量織片具有伸縮彈性的特性，因此本書刊載的帽子尺寸，設計得比實際頭圍稍微小一點。

分散減針

每34段進行1次在9處減1針，每1段進行8次在9處減1針，一邊減針一邊編織。

表示編織進行方向的箭頭符號。意即由帽口往帽頂進行編織。

以海軍藍的織線編織一針鬆緊針。

＊棒針編織的織圖看法

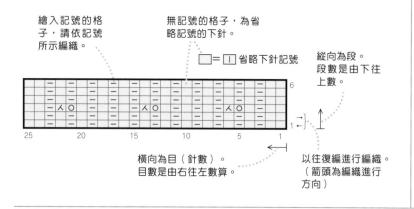

繪入記號的格子，請依記號所示編織。

無記號的格子，為省略記號的下針。

□＝│ 省略下針記號

縱向為段。段數是由下往上數。

橫向為目（針數）。目數是由右往左數算。

以往復編進行編織。（箭頭為編織進行方向）

＊鉤針編織的織圖看法

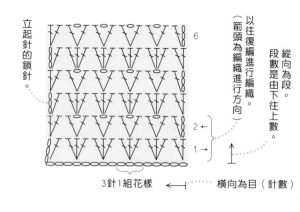

立起針的鎖針。

以往復編進行編織。（箭頭為編織進行方向）

縱向為段。段數是由下往上數。

3針1組花樣

橫向為目（針數）

＊關於密度

「密度」是指織片的密度，表示在10cm正方形中應有的針數和段數。由於密度會因編織者的手勁產生差異，就算使用本書指定的線材＆鉤針，也不一定會編織出相同的大小。請務必以試編來測量自己編織時的密度。

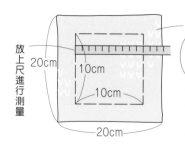

放上尺進行測量

20cm

10cm

10cm

20cm

試編的織片

（由於靠近織片邊端的針目大小較不一致，所以要鉤20cm正方形。

編織完成後以蒸汽熨斗輕輕熨燙，注意別讓針目變形，接著計算中央10cm正方形內的針目‧段數。

※若計算數字比本書指定密度的針數‧段數多（針目太緊密）可改用較粗針號，數字少時（針目寬鬆）則換較細針號來調整。

編織基礎技法

✳起針
手指掛線起針法

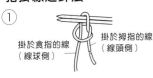

掛於食指的線
（線球側）
掛於拇指的線
（線頭側）

線頭端預留編織長度的3～4倍線長，如右圖作一線環，從環中拉出織線掛在2枝棒針上。拉線收緊，此為第1針。

如圖示在左手食指和拇指掛線，其餘指頭按住織線。右手食指按住第1針。

棒針依箭頭穿入拇指外側的織線，掛線。

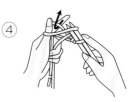

棒針再依箭頭指示勾起食指上的線。

將掛在食指的織線往內側拉，從拇指的線環中拉出。

鬆開掛在拇指上的織線。

拇指從鬆開的織線內側穿入，拉線收緊針目，並重新掛線在拇指上。重複步驟③至⑦。

織完必要針數後，抽出1支棒針。此起針段算作第1段。

✳針目記號

	下針

※起針接合成圈的方法

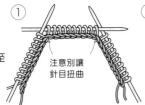

將針目平分至3支棒針上。

注意別讓針目扭曲

棒針交接的部分，宜將織線拉緊編織。

以第4支棒針編織。

	上針

Ω	扭加針

挑起前段的橫向渡線掛於左針，右針依箭頭扭轉穿入針目，織下針。

Ω	扭加針（上針）

棒針以扭轉線段的方式，挑起前段的橫向渡線，織上針。

⋏	右上3併針

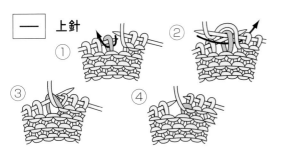

右針依箭頭指示穿入針目1，移至右針上。

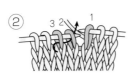

右針依箭頭指示穿入針目2與3，織左上2併針。

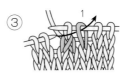

左針依箭頭指示挑起移至右針的針目1。

覆蓋

針目1依箭頭指示套在織好的左上2併針上。

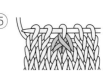

完成右側針目在最上方的右上3併針。

| ∧ 左上2併針 | ※ ∧ 以相同方式，在步驟①一併穿入3針目。 |

① ② ③

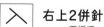

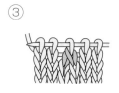
| ⋋ 右上2併針 |

織下針　不編織　移至右棒針

① ② 覆蓋 ③

| ⋏ 左上2併針（上針） |

① ② ③

| ⋋ 右上2併針（上針） |

針目1・2位置交錯

① ② ③

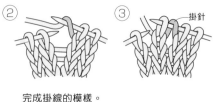
| ◯ 掛針 |

② ③ 掛針

①

右針依箭頭指示掛線。

完成掛線的模樣。此掛線即為掛針。

| ⋃ 捲針 |

左手手指依箭頭指示捲起左端織線，將線圈掛在棒針上靠近織片，再拉線收緊針目。

① ②

③

下一段的第1針依圖示編織。

| ╳ 右上1針交叉 |

① ② ③ ④

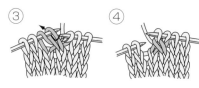
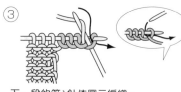

| ╳╳ 右上2針交叉 |

① 4 3 2 1 ② 4 3 2 1 ③ 4 3 ④ 4 3

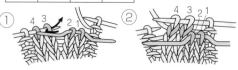

針目1・2移至麻花針上，置於內側暫休針。

針目3・4依序織下針。

麻花針上休針的針目1・2，依序織下針。

完成右上2針交叉。

※ ╳╳ 的織法
3 2 1

針目1移至麻花針上，置於內側暫休針，針目2・3依序織下針。再以下針編織休針的針目1。

✳ 收縫　縮口收縫…P.48　**一針鬆緊針收縫（往復編的情況）**　縫線長度為收縫尺寸的3～3.5倍，穿入毛線針。

① ② ③ ④ ⑤ ⑥

重複步驟③至④。

套收針 織線長度至少需要套收尺寸的4至5倍。

①

編織2針。

② 覆蓋

左針挑起第1針，套在第2針上。

③
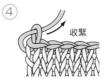
重複「編織1針，再以前一針覆蓋」。

④ 收緊
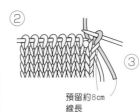
織線穿入最後一針，收緊。

✳ 條紋花樣的 換線方法

①
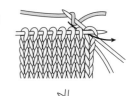

②
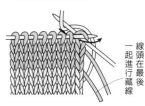
預留約8cm 線長

③
線頭在最後進行藏線
一起進行藏線

鉤針編織

✳ 起針

○ **鎖針 起針**

⊕ **手指繞線 作輪狀起針** …P.40

①

鉤針置於織線外側，依箭頭指示旋轉1圈。

② 織線形成線圈掛於鉤針上。以左手按住織線交叉處，鉤針掛線鉤出。

③ 鉤針掛線，鉤出織線。

④ 以相同方式重複鉤織。

✳ 針目記號

🔁 **表引長針** …P.57　　🔁 **裡引長針** …P.57　　🔁 **表引中長針** …P.57

○ 鎖針	● 引拔針	✕ 短針	T 中長針	干 長針
① 鉤針掛線，鉤出織線。	① 鉤針依箭頭指示，穿入針目。	① 立起針的鎖針1針	① 立起針的鎖針2針 基底針目	① 鎖針立起針的3針
② 以相同方式重複鉤織。	② 掛於鉤針上的線圈不算作1針。 一次引拔鉤出。	②	②	② ④
③		③	③	③ ⑤
		④	④	

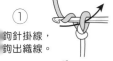          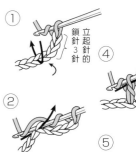 

⊕ 3長針的 玉針

「未完成」是指，再引拔1次即可完成針目（長針）的狀態。

① ②

③ ④

在前段的同一針目中鉤織3針未完成的長針。　　一次引拔鉤出。

※ 使用相同技巧的 ⊕ 是一次引拔未完成的4針長針， ⬦ 是一次引拔未完成的2針長針。

2短針加針

① 鉤織1針短針。

② ③

在同一針目織入另1針短針。

※ 使用相同技巧的 V·V 是分別在同一針目中織入2針中長針、2針長針。

 短針2併針

① 鉤織2針未完成的短針

② ③

一次引拔鉤出。

※ ⋀·⋀ 皆是以相同方式挑針，一次引拔未完成的3針短針、2針長針。

 1針交叉長針

① 鉤針依箭頭方向穿入，鉤織長針。

② 依箭頭指示穿入鉤針。

③

④

如同包裹最初織好的長針般，鉤織長針。

※ ⊠ 是鉤織步驟 ③ 的長針時，改為包裹2長針的玉針。

 筋編（鉤織短針時）

① 以輪編進行鉤織。鉤針穿入前段鎖狀針頭外側的1條線中。

② 鉤織短針。

※ 「未完成」是指，再引拔1次即可完成針目（短針或長針等）的狀態。

✳ 換色 & 收針藏線的方法

在織片末端換線的方法

換線的前段最後一針即將完成時，改掛新線鉤織。

線頭不打結，各留下約8cm的長度，織完再收針藏線。

收針藏線的方法

作品鉤織完成時，將線頭穿過毛線針，藏於織片背面的針目中。

條紋花樣的換線方法

鉤織完成的色線不剪斷，暫休針，鉤織至下次配色時渡線鉤織。

渡線

✳ 挑束鉤織

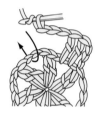

從前段的鎖針針目挑針時，鉤針依箭頭方向將全部鎖針挑起的動作稱為「挑束」。

※「挑針鉤織」和「挑束鉤織」的不同

加針2針以上的針目記號，有針腳密合和針腳分開兩種記號樣式，那分別表示鉤針在前段編織時，是穿入針目的挑針鉤織或挑束鉤織的差異。

● 挑針鉤織

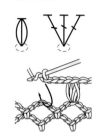

記號下方為針腳相連。

● 挑束鉤織

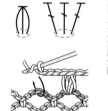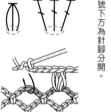

記號下方為針腳分開。

✳ 收縫

縮口收縫

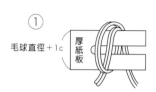
①

將收針處的線段穿入毛線針，依箭頭指示，挑最終段的鎖狀針頭外側1條線。

②

收緊織線縮口，線頭穿至背面，穿入織片中收針藏線。剪斷多餘織線。

✳ 毛球作法

①

毛球直徑 +1c / 厚紙板

依指定次數纏繞織線。

②

束緊 / 中央處打結

剪斷線圈

③

修剪整齊呈圓球狀。

✳ 鎖針接縫

① 編織終點 / 編織起點 / 直接拉出線頭

② 毛線針

③

線頭穿至背面，進行收針藏線。

● 樂・鉤織 24

栗子帽・貓耳帽・尖帽子……
好簡單的棒針＆鉤針可愛小童帽（暢銷版）

作　　者／BOUTIQUE-SHA
發 行 人／詹慶和
譯　　者／彭小玲
執行編輯／蔡毓玲・詹凱雲
編　　輯／劉蕙寧・黃璟安・陳姿伶
封面設計／陳麗娜
執行美編／陳麗娜・韓欣恬
美術編輯／周盈汝
出 版 者／Elegant-Boutique新手作
發 行 者／悅智文化事業有限公司
郵撥帳號／19452608
戶　　名／悅智文化事業有限公司
地　　址／220新北市板橋區板新路206號3樓
電　　話／（02）8952-4078
傳　　真／（02）8952-4084
網　　址／www.elegantbooks.com.tw
電子郵件／elegantbooks@msa.hinet.net

2023年11月二版一刷　2020年2月初版一刷　定價 350 元

Lady Boutique Series No.4737
KIGARU NI AMECHAU DONGURI BOSHI TO KAWAII BOSHI
© 2018 Boutique-sha, Inc.
All rights reserved.
Original Japanese edition published in Japan by BOUTIQUE-SHA.
Chinese (in complex character) translation rights arranged with BOUTIQUE-SHA
through Keio Cultural Enterprise Co., Ltd., New Taipei City, Taiwan.

經銷／易可數位行銷股份有限公司
地址／新北市新店區寶橋路235巷6弄3號5樓
電話／(02)8911-0825　傳真／(02)8911-0801

版權所有・翻印必究
（未經同意，不得將本著作物之任何內容以任何形式使用刊載）
本書如有破損缺頁請寄回本公司更換

國家圖書館出版品預行編目資料

栗子帽.貓耳帽.尖帽子......好簡單的棒針&鉤針可愛小童帽
/BOUTIQUE-SHA作；彭小玲譯.
-- 二版. -- 新北市：Elegant-Boutique新手作出版：悅智文
化事業有限公司發行, 2023.11
　面；　公分. --(樂.鉤織；24)
ISBN 978-626-97141-5-5(平裝)

1.CST: 編織 2.CST: 帽 3.CST: 手工藝

426.4　　　　　　　　　　　　112016416

線材提供

Olympus 製絲株式会社
http://www.olympus-thread.com

Hamanaka 株式会社
http://www.hamanaka.co.jp/

橫田株式会社（DARUMA）
http://www.daruma-ito.co.jp/

攝影協力

DADWAY
www.dadway.com

AWABEES
☎ 03-5786-1600

staff

總編輯…高橋ひとみ
編輯…矢口佳那子　高橋素子
編輯校閱…北原さやか　高橋沙絵
攝影…木下治子（彩頁）
　　　藤田律子（目次、p.30）
髮妝…岩出奈緒
書籍設計…小池佳代
製圖…白井麻衣

從頭開始裝可愛！
22頂大人小孩都心動的
加萌手織帽

從頭開始裝可愛！
22頂人人小孩都心動的
加萌手織帽